AF459500

MÉMOIRE

SUR LA PRATIQUE

DE LA

GNOMONIQUE.

MÉMOIRE

SUR LA PRATIQUE

DE LA

GNOMONIQUE,

PAR

TH. GOSSELIN,

CAPITAINE DU GÉNIE, MEMBRE DE L'ACADÉMIE ROYALE DE METZ.

EXTRAIT DES MÉMOIRES DE L'ACADÉMIE ROYALE DE METZ,

ANNÉE 1836-1837.

METZ.
DE L'IMPRIMERIE DE S. LAMORT.

1837.

MÉMOIRE

SUR LA

PRATIQUE DE LA GNOMONIQUE.

1. *Objet du mémoire.* Le tracé des cadrans solaires n'est pas chose nouvelle; et il est peu de personnes qui n'aient pas une idée générale des principes de la Gnomonique. Cependant, quels que soient l'agrément et le charme que cet art puisse offrir aux loisirs de l'homme retiré dans sa campagne, quelqu'importante qu'en soit l'utilité à la guerre, pour régulariser le service des troupes rassemblées dans un camp ou transportées en des pays lointains, on ne peut disconvenir que, si on recule souvent devant la pratique de la Gnomonique, c'est que la plupart des auteurs ont fondé leurs procédés, sur la connaissance exacte de la *latitude* du lieu où l'on se trouve, et sur celle de la *déclinaison* du plan destiné à recevoir les divisions horaires. Nous croyons donc que nos camarades de l'armée nous sauront quelque gré d'avoir cherché, dans la première partie de notre travail, à affranchir la Gnomonique de tout appareil astronomique et à remplacer par d'autres méthodes celles que l'emploi des calculs ou des instrumens rend impraticables en beaucoup de circonstances. Loin de nous toute prétention à la priorité, dans une réforme aussi essentielle! M. le docteur Sarrus, professeur à la faculté des sciences de Strasbourg, est le premier qui ait appelé à cet égard, l'attention des esprits,

dans le journal des Annales de Mathématiques de M. Gergonne, tome XV, et qui ait présenté un procédé dont personne, après lui, n'avait le droit de revendiquer l'invention. Cependant il nous a semblé que toute la bonté de son tracé reposait sur la détermination exacte d'un seul point, le *centre du cadran*; or ce point tombe souvent au-delà des limites du plan de construction, et il se trouve mal défini, par une intersection de plusieurs lignes droites, toutes les fois que celles-ci sont trop peu convergentes. Dans le cours de ce mémoire, on verra jusqu'à quel degré nous aurons évité ce qu'il est permis de regarder comme un inconvénient. Sans doute quelques-unes de nos méthodes ont été anciennement décrites, notamment en 1742, par Rivard, professeur de philosophie à l'université de Paris. Puissent néanmoins nos efforts avoir rajeuni ces méthodes, et les avoir appropriées au but que nous nous sommes proposé!

DÉFINITIONS ET OPÉRATIONS PRÉPARATOIRES.

2. *Gnomonique et son objet.* La Gnomonique a pour objet de mesurer le temps, au moyen de l'observation des mouvemens périodiques du Soleil. Un cadran solaire consiste dans une surface, ou plus ordinairement dans un plan portant des divisions sur lesquelles l'ombre projetée par le *sommet* d'un style, ou bien encore le rayon solaire qui traverse *l'ouverture* d'une plaque métallique, indique les heures du lieu où ce cadran est posé.

Tout point quelconque de la Terre, à cause de la petitesse de cette planète dans l'espace, pouvant être regardé comme le centre de la sphère céleste, il est clair que, si on imagine par le sommet du style du cadran, soit une parallèle à l'axe de la Terre, soit un plan parallèle à l'équateur, cette ligne et ce plan se confondent sensiblement avec l'axe et l'équateur célestes. Par la même raison, tout plan qui passe à la fois par *le point d'ombre* du sommet du style, et par la ligne menée de ce sommet parallèlement à l'axe de la Terre, est un véritable plan horaire du Soleil. Imaginons donc autour de cette parallèle, vingt-quatre plans formant entre eux des angles égaux au sixième de l'angle droit, et dont un soit le méridien du lieu; ces plans, à partir de celui-ci, représenteront d'orient en occident, les plans de 1, 2, 3, ...11 heures, jusqu'au méridien inférieur, et depuis celui-ci jusqu'au méridien supérieur.

Le tracé d'un cadran se réduit à ce problème: « Etant » donnés vingt-quatre plans qui se coupent sur l'axe cé» leste, en partageant l'espace en vingt-quatre angles » égaux, trouver leurs intersections avec un plan connu. »

3. *Définition du sommet et de l'axe du style.* Indépendamment du plan sur lequel on veut tracer un cadran, une des premières choses à se donner, c'est le *sommet du style.* On nomme ainsi, soit l'extrémité d'une verge quelconque, extrémité dont l'ombre est destinée à marquer l'heure, soit le centre du trou d'une plaque qui laisse arriver un rayon solaire sur le plan du cadran. Voilà pourquoi la verge, ou la plaque, peut être attachée contre un support extérieur au plan. La parallèle à l'axe de la Terre menée par le sommet du style, laquelle n'est pas autre chose que l'axe céleste, sera, pour nous, ce que nous nommerons désormais *axe du style.* Quant à l'intersection de cette parallèle avec le plan du cadran, c'est ce qu'on appelle le *centre du cadran*; ce point est celui où les divisions horaires vont converger sur cette surface.

4. *Dimensions de la plaque et hauteur du style.* Toute plaque dont l'ouverture fait l'office de sommet du

style, doit avoir 22 à 27 centimètres de diamètre, et son trou, un diamètre qui soit la 144e partie environ de sa hauteur perpendiculaire au-dessus du plan. Le plan de la plaque sera en outre disposé de manière que la ligne de plus grande pente en soit dirigée vers l'étoile polaire ; en vertu de cette disposition, les rayons solaires deviendront perpendiculaires au plan de la plaque, aux époques des équinoxes, lors du passage du Soleil au méridien.

Plus le sommet du style est élevé au-dessus d'un cadran, plus les opérations de construction sont exactes. Cette élévation, ou la *hauteur du style,* est ordinairement fixée aux $\frac{2}{5}$ de la plus petite largeur de ce plan. Il convient que la projection de ce sommet sur le cadran corresponde au milieu de son plan, ou bien à l'est, ou bien à l'ouest, selon que le cadran est perpendiculaire au méridien, ou qu'il décline vers l'ouest ou l'est.

5. *Pieds perpendiculaire, vertical et horizontal du style.* Du sommet du style, menons une perpendiculaire au cadran, une verticale et une horizontale (ces trois droites étant situées dans un même plan perpendiculaire à celui du cadran) ; le point de rencontre avec le cadran, de la première, sera appelé le *pied perpendiculaire* du style, celui de la seconde son *pied vertical*, et celui de la troisième, son *pied horizontal.* Les intervalles de ces trois pieds varient nécessairement avec l'inclinaison du cadran. Si, par exemple, celui-ci est vertical, le pied perpendiculaire et le pied horizontal du style se confondent, et le pied vertical passe à l'infini. Dans le cas du cadran horizontal, le pied horizontal du style passe à l'infini, tandis que les deux autres se réunissent en un seul. Ces trois points appartiennent d'ailleurs à une même ligne de plus grande pente du plan.

Le pied vertical du style s'obtient au moyen du fil à

plomb, et le pied perpendiculaire par trois obliques égales abaissées du sommet, et dont les extrémités sur le plan donnent lieu à une circonférence ayant pour centre ce pied perpendiculaire. Enfin le pied horizontal se trouve au moyen d'une règle appliquée au sommet et dirigée d'après l'indication du niveau de maçon. Ces trois points sont indispensables, et leur détermination devra toujours précéder la construction du cadran, dès que le style ou la plaque auront été placés; ces trois pieds, nous les désignerons par les lettres P, V et O.

6. *Soustylaire, ligne équinoxiale, centre du cadran.* Que par le sommet du style on conçoive un plan horizontal, un plan parallèle à l'équateur et une parallèle à l'axe de la Terre; le premier plan sera regardé comme l'horizon sensible du lieu, le deuxième comme l'équateur céleste, et la parallèle ou axe du style (3) comme l'axe céleste lequel, ainsi qu'on le sait, est perpendiculaire à l'équateur céleste.

La projection orthogonale sur le plan du cadran, de l'axe céleste ou de l'axe du style, s'appelle *soustylaire*, et l'intersection de l'équateur céleste avec le cadran se nomme *ligne équinoxiale*. En un mot, cette dernière est, sur le cadran, la trace du plan équatorial qui passe par le sommet du style, et elle est évidemment toujours perpendiculaire à la soustylaire.

On a déjà dit (3) que le centre du cadran, ou le point de convergence de toutes les divisions horaires, était l'intersection de l'axe céleste ou de l'axe du style avec le plan; ainsi ce centre appartient à la soustylaire, parce que celle-ci est la trace du plan horaire perpendiculaire au cadran. On verra que ce centre est encore défini par d'autres lignes qui se déterminent indépendamment de l'intersection de l'axe du style avec le plan; et si nous insistons sur cette circonstance, c'est afin de convaincre que le centre du cadran n'est que d'une importance accessoire dans les procédés que nous allons décrire.

PREMIÈRE PARTIE.

CONSTRUCTION FACILE D'UN CADRAN SOLAIRE SUR UN PLAN QUELCONQUE.

7. *Principe de la construction.* Deux causes d'erreur s'opposent, dans toute méthode rapide, à la détermination rigoureuse des élémens principaux d'un cadran solaire: l'une provenant de la réfraction atmosphérique, et l'autre, de la variation dans la déclinaison du soleil. En vertu de la réfraction, un astre est élevé *verticalement* au-dessus de sa position réelle, d'autant plus qu'il se rapproche de l'horizon ; et cette déviation est nulle, quand l'astre est parvenu au zénith. Mais si l'astre occupe, de part et d'autre du méridien du lieu, deux hauteurs égales au-dessus de l'horizon, l'égalité se maintient entre les hauteurs apparentes ou modifiées par la réfraction. Il n'en est plus de même à l'égard de deux mêmes hauteurs de l'astre au-dessus d'un plan quelconque, parce que ces hauteurs cessent d'être égales au-dessus de l'horizon, ainsi que les déviations respectives dont on a parlé. Au reste, pour des hauteurs verticales supérieures à 35° ou 40° (division sexagésimale), la réfraction devient à peu près insensible.

On nomme *déclinaison* d'un astre, sa distance à l'équateur céleste, mesurée sur un arc de grand cercle perpendiculaire au plan équatorial. Considérée comme constante à l'égard des étoiles, la déclinaison cesse de l'être à l'égard du soleil, qui tantôt s'éloigne, tantôt s'approche de l'équateur. La variation dans la déclinaison du soleil est donc tour à tour croissante ou décroissante ; son maximum est de 1' de degré sexagésimal par heure, lors des équinoxes ; son minimum a lieu vers les solstices où il devient nul.

Ainsi il est permis de faire abstraction des deux causes qu'on a mentionnées, lorsque le soleil s'élève à 35° ou 40° au-dessus de l'horizon, et dans un temps rapproché du solstice d'été, c'est-à-dire en juin et juillet. Néanmoins, nous supposerons qu'en dehors de ces deux circonstances favorables, ni la déclinaison du soleil, ni la réfraction n'aient aucune influence.

Dans cette hypothèse, le soleil est censé décrire, dans un jour, un parallèle à l'équateur, et les trajectoires lumineuses qui vont du centre du soleil au sommet du style, sont des droites dont l'ensemble forme un cône droit autour de l'axe céleste. Cela posé, puisque les prolongemens des génératrices de ce cône, se confondent avec les droites menées du sommet du style aux divers *points d'ombre* projetés sur le cadran, on reconnaît sans peine que les *extrémités* de trois distances égales, prises sur trois de ces prolongemens, à partir du sommet du style, déterminent un plan parallèle à l'équateur. Tel est le principe invoqué par M. Sarrus, pour définir ensuite l'axe céleste ou l'axe du style, ainsi que son intersection avec le plan donné, c'est-à-dire le centre du cadran. Ce principe est aussi celui de la méthode actuelle : mais il est autrement appliqué, puisqu'il nous conduit immédiatement à construire la soustylaire, et surtout cette ligne équinoxiale d'où dérivent ensuite toutes les divisions horaires avec une simplicité remarquable.

8. *Construction de la soustylaire et de l'équinoxiale.* Quelque procédé que l'on emploie pour tracer un cadran solaire, ce qu'il importe d'abord, c'est de poser et d'établir le plan sur lequel on veut le décrire, ainsi que le style ou la plaque dont le sommet ou l'ouverture doit

servir d'indicateur horaire. Il est entendu qu'on se conformera, pour la hauteur du style et pour toutes les autres dimensions, à ce qui a été prescrit précédemment (4); enfin il ne sera pas difficile d'incliner le plan du cadran à peu près dans le sens du midi, afin qu'il reçoive les rayons solaires. Ces précautions fort simples étant prises, on déterminera, d'après les méthodes du n° 5, les pieds perpendiculaire, vertical et horizontal du style, P, V et O, fig. 1.

Marquez, à un instant quelconque, à partir de celui où le soleil s'élève à l'horizon d'une trentaine de degrés, marquez, dis-je, sur le plan du cadran, le centre *a* de l'ovale lumineux que le rayon solaire y projette, en traversant l'ouverture de la plaque ; vous aurez ainsi la trace du prolongement d'une génératrice appartenant au cône diurne que le soleil décrit autour du sommet du style, ou du centre de la sphère céleste (2). Ayant tracé, sur le plan, un arc de cercle, autour du pied perpendiculaire P comme centre, avec un rayon égal à *a*P, marquez, sur ce même arc, le point *a'* où le centre de l'ovale lumineux vient tomber une seconde fois. Vous aurez ainsi obtenu, sur le cadran, deux points situés sur deux prolongemens respectifs d'arêtes du cône diurne, et tels que leurs distances au sommet du style sont égales, comme obliques qui s'écartent également de la perpendiculaire abaissée de ce sommet. Ainsi, d'après le principe de M. Sarrus, les deux points *a* et *a'* appartiennent à un même plan parallèle à l'équateur, la droite *aa'* est la trace de ce plan parallèle sur celui du cadran ; et la soustylaire, ou la projection de l'axe du style (3-6), sera déterminée par la perpendiculaire P*m* abaissée du pied P sur la corde ou droite de jonction *aa'*. Les points *a* et *a'* sont dits de hauteurs *correspondantes*, parce que les génératrices coniques qui en partent, forment effectivement des angles égaux avec le plan du cadran. On doit d'ailleurs remarquer que la perpendiculaire Pm, abaissée sur la corde aa', passe par le milieu m de cette dernière, et que si l'on observe de nouveaux couples de points b et b' de hauteurs correspondantes, les droites telles que bb' qui réunissent ces points, sont toutes parallèles à la trace de l'équateur sur le cadran. Enfin leurs milieux respectifs tels que n, appartiennent à la soustylaire, c'est-à-dire à la projection de l'axe du style, ou bien encore à la trace du plan horaire (2) perpendiculaire à celui du cadran.

Lorsque le plan du cadran est horizontal, le plan horaire, qui lui est perpendiculaire, se confond avec le méridien qui passe par le sommet du style, et dans ce cas la soustylaire et la méridienne coïcident.

Pour définir entièrement le plan parallèle à l'équateur passant par les points a et a' de hauteurs correspondantes, cherchez, par l'observation, une troisième position d, intermédiaire aux deux premières, du centre de l'ovale lumineux, et joignez la droite Pd. Il ne s'agira plus que de trouver sur cette projection d'un troisième prolongement de génératrice conique, un point e tel que sa distance au sommet du style soit la même que celles des deux points a et a' (7).

A cet effet, fig 2, sur une ligne indéfinie $a''p''$, on élevera la perpendiculaire $p''s''$ égale à la hauteur du style (4), et on prendra, à partir du point p'', une partie $p''a''$ égale aux distances Pa et Pa' de la figure 1re; l'hypoténuse $s''a''$ de la fig. 2 représentera alors les distances égales des points a et a' de la figure 1re, au sommet du style. Donc en portant de p'' en d'' (Fig. 2) la longueur $p''d''$ égale à la distance du troisième point d'ombre d (Fig. 1) au pied P, et en prenant sur la droite $s''d''$ une partie $s''g''$ (Fig. 2) égale à l'hypoténuse $s''a''$, on obtiendra un point g'' aussi éloigné du sommet du style que les points a et a' de la figure 1re. Enfin si à la droite $p''a''$, on abaisse du point g'' la perpendiculaire $g''f''$, l'abscisse $p''f''$ représentera, sur le plan du cadran, la distance au pied P, du troisième point équidistant cherché, et l'ordonnée $g''f''$ l'abaissement de ce troisième point au-dessous de ce plan.

Ainsi on prendra sur la projection Pd (Fig. 1re), à partir de P, une grandeur Pe égale à l'abscisse $p''f''$ (Fig. 2); le point e qu'on aura ainsi construit, sera la projection d'un point éloigné du sommet du style, à la même distance que les deux points d'ombre a et d. Imaginons, par ce nouveau point e (Fig. 1re), une parallèle à la trace aa'; sa projection eg également parallèle à ad', coupera le plan de la soustylaire en un point dont f est la projection sur celui du cadran; et qui est abaissé au-dessous de la soustylaire, d'une quantité égale à l'ordonnée $g''f''$ de la fig. 2. Or je dis maintenant que le plan passant par les trois points dont a, d' et e (Fig. 1) sont les projections sur le cadran, est complètement défini. En effet, rabattons le plan de la soustylaire autour de sa trace Pm, sur le plan du cadran; dans ce mouvement, l'intersection m de la trace ad' reste fixe, et le point où la parallèle à ad' vient couper le plan projetant de la soustylaire, se rabat en g, à une distance fg de la charnière, égale à l'ordonnée $f''g''$ de la fig. 2. Joignant ce point g au point m, on aura la droite gm, ou la trace, sur le plan de la soustylaire, d'un plan parallèle à l'équateur.

Soit maintenant prise, perpendiculairement à la soustylaire Pm, une ligne PS égale à la hauteur du centre de la plaque au-dessus du pied P, en sorte que S soit le rabattement du sommet du style; menons ensuite par S, ainsi rabattu, la parallèle SB à gm. On voit que cette parallèle SB sera la trace du plan parallèle à l'équateur, mené par le sommet du style, ou de l'équateur céleste lui-même (2), dans le plan de la soustylaire; et que, si par le point B, intersection de cette trace avec la soustylaire, on tire une parallèle HM à la droite *aa'*, la première sera la ligne équinoxiale.

9. *Centre du cadran.* L'axe du style, ou la droite parallèle menée par le sommet du style à l'axe céleste, étant perpendiculaire à l'équateur, il est facile de s'assurer que si, par le sommet S du style (Fig. 1), on tire la droite SC perpendiculaire à la trace SB de l'équateur dans le plan de la soustylaire, cette droite ira couper la soustylaire P*m*, en un point C qui sera celui de rencontre de l'axe du style avec le cadran, et par suite le centre lui-même vers lequel doivent se croiser toutes les divisions horaires.

10. *Tracé des divisions du cadran.* Le plan du cadran, dans la fig. 3, comme dans la fig. 2, est censé celui du tableau, sur lequel le point P représente le pied perpendiculaire du style, V son pied vertical, O son pied horizontal (*), ces trois points appartenant à une même ligne de plus grande pente du plan. L'horizontale HL menée par le point O, est précisément la trace de l'horizon passant par le sommet du style. Quant aux lignes CB et HM, ce sont la soustylaire et l'équinoxiale construites par le procédé du numéro précédent; enfin CS est l'axe du style

(*) Après avoir marqué le point P, pied perpendiculaire du style, sur le plan du cadran, et y avoir tracé la ligne de plus grande pente PV, au moyen d'un fil à plomb tendu sur le plan à partir du point P, on déterminera l'inclinaison du plan comme il sera dit (20); nommant I cette inclinaison par rapport à l'horizon, laquelle est égale à l'angle VQP, et H la hauteur du sommet du style au-dessus du cadran, on trouvera, pour la position du pied vertical V, $PV = H \tang I$, et pour la position du pied horizontal O, $OP = H. \cot I$. Si le plan est horizontal, on a $I = o$ $PV = o$ et $PO = \infty$; si I est de 90°, auquel cas le cadran est vertical, on aura $OP = o$ et $PV = \infty$. Ces conclusions sont conformes à ce qu'on a dit, au n° 5.

lui-même, perpendiculaire à la trace SB de l'équateur, dans le plan de la soustylaire rabattu sur le cadran, autour de la ligne CB. Perpendiculairement à la ligne OV qui contient les trois pieds du style, menons la ligne PQ=PS ou égale à la hauteur du style, et joignons les droites QV et QO. La première représentera la hauteur verticale du sommet du style au-dessus du cadran, et la deuxième la distance de ce sommet par rapport à l'horizontale HL, de telle sorte, qu'en portant QO de O en D sur la verticale OV, le point D sera le rabattement du sommet, autour de la trace de son horizon sur le plan du cadran.

L'équinoxiale HM coupe l'horizontale HL en un point H commun à l'horizon du sommet du style et à l'équateur; et ce point H réuni au sommet du style donnerait l'intersection de ces plans, c'est-à-dire la ligne de six heures qui sera par conséquent représentée par HD dans l'horizon rabattu sur le plan du cadran. La perpendiculaire DL à HD représentera donc aussi la méridienne ou la ligne de midi dans ce même horizon, et la rencontre L de cette méridienne avec l'horizontale HL est un point de la trace du méridien sur le cadran. Cette trace méridienne doit passer d'ailleurs par le centre C du cadran, et par le point V, pied de la verticale abaissée du sommet du style; ce qui fait voir que les trois points V, L et C appartiennent à une même droite, ou à la méridienne du cadran.

Le point M étant celui où la méridienne CV coupe l'équinoxiale, rabattons le plan de l'équateur regardé (2) comme passant par le sommet du style, autour de sa trace HM ou de la ligne équinoxiale, afin de faire tomber le sommet S en A sur la soustylaire CB, à une distance BA de la charnière HM, égale à BS.

Or, toutes les divisions horaires sur le plan équatorial forment entre elles des angles égaux au sixième de l'angle droit, et convergent les unes avec les autres autour du sommet du style. Donc, si on joint le point H de six heures, et le point M de midi au point A, par des droites AH et AM, la première sera la division horaire de six heures dans l'équateur lui-même, et AM celle de midi; et elles seront toutes deux perpendiculaires entre elles. Cette nouvelle condition offre encore un moyen de vérification. Décrivons maintenant, du point A comme centre, un cercle de rayon arbitraire, et portons sur sa circonférence des divisions de 15° d'intervalle, soit à partir de AM, soit à partir de AH; il ne restera plus qu'à prolonger les rayons de ces divisions jusqu'à leurs intersections 12, 11, 10, 9, 8... avec la ligne équinoxiale HM, et qu'à joindre ces intersections avec le centre C du cadran, par des droites C-12, C-11, C-10... qui seront les divisions horaires qu'on se proposait de construire.

Il faudra remarquer que si le point H de six heures tombe à l'ouest du point L, intersection de la méridienne avec l'horizontale HL du sommet, le premier point correspond à l'heure du matin, et les divisions intermédiaires sont celles de 7 8.. heures du matin jusqu'à midi; enfin à l'est de la méridienne viennent naturellement les divisions de 1, 2, 3... heures de l'après-midi.

Pour compléter la construction qu'on vient de décrire, ajoutons un moyen commode d'obtenir un arc de 15° sur le cercle de rayon arbitraire qui a son centre placé en A. Les deux rayons AH et AM se coupant à angle droit, l'arc *hm* qu'ils interceptent est de 90°. Portez donc, à partir du point *h*, la corde *hn* égale au rayon du cercle; cette corde soustend alors un arc de 60°. Ainsi la question est réduite à diviser l'arc restant *nm* qui n'est plus que de 30°, en deux parties égales *mp* et *pn*.

11. *Cas où le centre du cadran se trouve fort éloigné.* Quoiqu'en définitive, nous ayons employé le centre du cadran C, pour y réunir toutes les divisions horaires, ce

point n'est cependant pas indispensable ; il faut même s'en passer, quand il tombe en dehors des dimensions qui limitent la surface du cadran. Déjà même, nous avons obtenu, indépendamment les unes des autres, plusieurs lignes qui doivent converger vers ce point, savoir : 1° La soustylaire PB (Fig. 1 et 3) perpendiculaire à l'équinoxiale HM ; 2° la méridienne VL (Fig. 3) passant par le pied vertical V du style, et par le point L où l'horizontale HL du style est coupée par la perpendiculaire DL à la ligne de six heures HD ; 3° enfin la droite SC menée par le sommet S du style, perpendiculairement à la trace SB de l'équateur, dans le plan horaire de la soustylaire rabattu autour de cette dernière. Or je dis que les directions BC et SC, par exemple, de deux quelconques de ces trois lignes sont susceptibles de donner les directions des lignes horaires elles-mêmes, quand on connaît d'ailleurs les points de départs de celles-ci, 9, 10, 11, M.... sur l'équinoxiale HM. En effet, à partir de B, portez sur BS perpendiculaire à SC, une longueur B*s* qui soit une fraction exacte de cette perpendiculaire comme $\frac{1}{2}$, $\frac{1}{3}$, $\frac{1}{4}$, et tirez par le point *s*, une parallèle *sc'* à la soustylaire PB, jusqu'à sa rencontre en *c'* avec la droite SC. Enfin, après avoir pris sur BC la partie B*b'* égale à *sc'*, menez, par l'extrémité *b'* et parallèlement à l'équinoxiale HM, une ligne indéfinie *h'b'm'* sur laquelle, à compter du point *b'*, vous porterez des longueurs *b'm'*, *b'*1', *b'*2'..., qui soient $\frac{1}{2}$ ou $\frac{1}{3}$ ou $\frac{1}{4}$ des divisions BM, B1, B2, B3, obtenues sur l'équinoxiale HM et comptées du point B. On voit que les divisions correspondantes sur les deux lignes *h'm'* et HM, réunies deux à deux, donneront les traces 1-1', 2-2'.... des plans horaires sur le cadran, et que ces traces convergeront vers le centre C, sans que celui-ci ait été construit *à priori*.

12. *Construction de toutes les divisions horaires, six*

consécutives étant données. Lorsqu'on a, d'après le procédé précédent (10-11), marqué six divisions consécutives d'heure en heure, il est nécessaire d'obtenir toutes les autres, et surtout celles dont les origines, sur l'équinoxiale, se trouvent fort éloignées de la soustylaire. Supposons, par exemple, qu'on ait, sans difficulté, construit les divisions horaires de six heures à midi. On coupera alors la dernière division obtenue, celle de midi, par une parallèle ee' à la ligne horaire qui en est éloignée de six divisions, c'est-à-dire ici à la ligne horaire HC de six heures. Cette parallèle rencontrant les lignes déjà construites de 12^h, de 11^h et de 10^h aux points a, d, e, on prendra sur cette droite, à partir du point a, la longueur $ad' = ad$, puis la longueur $ae' = ae$, et l'on obtiendra ainsi des points d', e' appartenant aux lignes de 1^h et 2^h.

La raison de cette construction est que la droite ee' peut être regardée comme la trace d'un plan parallèle au plan horaire de six heures, et par suite à l'axe céleste. Or les intersections d'un tel plan, avec tous les autres plans horaires, doivent être aussi parallèles à l'axe céleste et par conséquent parallèles entre elles ; de plus elles sont coupées, par le plan du cadran, en des points a, d, e, d', e' dont les intervalles ad, ae, ad', ae' ont des rapports qui sont constans, quelle que soit la disposition du plan du cadran. Si ce dernier était perpendiculaire à l'axe céleste, non-seulement la ligne de division horaire de six heures serait perpendiculaire à celle de midi, parce que deux lignes éloignées de l'intervalle de six heures ne peuvent manquer de se couper à angle droit sur un tel plan, mais encore on aurait $ad = ad'$, $ae = ae'$, attendu que relativement au plan de midi, le plan horaire de 1^h est le symétrique de celui de 11^h, et le plan horaire de 2^h le symétrique de celui de 10^h. Ainsi, d'après la constance reconnue entre les rapports ad', ae', ad et ae, les mêmes égalités $ad' = ad$,

$ae' = ae$, subsisteront, lorsque le plan du cadran est quelconque.

13. *Détermination graphique de la latitude.* La latitude d'un lieu est égale à la hauteur du pôle au-dessus de l'horizon, ou à l'angle que fait l'axe céleste avec la trace du méridien sur l'horizon. Or le méridien a pour trace la ligne CLV sur le plan du cadran, et il passe par le sommet du style, dont la distance au point L est la longueur LD. Donc, si par le pied perpendiculaire du style P, on mène PG perpendiculaire à CV, et qu'on prolonge cette perpendiculaire jusqu'en un point G où elle est coupée par l'arc décrit, du point L comme centre, avec DL pour rayon, le point G sera la position qu'occupe le sommet dans le plan méridien rabattu autour de sa trace CLV; de plus, la droite GL représentera l'intersection de l'horizon avec le méridien, et la droite GC l'axe céleste, en sorte que l'angle LGC exprimera la latitude du sommet du style.

14. *Autre méthode pour construire l'équinoxiale.* Quand on a à sa disposition la *Connaissance des Temps,* ou même simplement *l'Annuaire du Bureau des Longitudes,* on peut connaître, jour par jour, la déclinaison (7) du Soleil au midi moyen de Paris, et par suite sa variation pour vingt-quatre heures. Cette déclinaison étant connue, il est possible d'en faire usage, pour construire l'équinoxiale d'un cadran solaire. Cette méthode qui n'a aucun avantage sur celle qu'on a décrite au n° 8, nous l'indiquerons comme pouvant intéresser le lecteur, mais en lui rappelant que l'exactitude en est d'autant plus grande, que la déclinaison du Soleil est plus considérable; d'où il résulte que les jours de solstices sont les plus favorables pour mettre ce tracé en pratique.

Ayant observé, comme dans le procédé du n° 8, sur le plan du cadran, les centres des ovales lumineux que les rayons du Soleil y projetent, dans trois positions de cet astre, pourvu qu'il s'élève au moins de 30° au-dessus de l'horizon, on considérera chaque ligne qui va de ces centres au sommet du style, comme l'axe d'un cône droit qui ait même sommet que le style, et dont la génératrice fasse avec cet axe un angle égal à la déclinaison du Soleil. On reconnaît que ces trois cônes seront tangens à l'équateur, et que, par conséquent, le plan *extérieur* tangent à tous ces cônes sera l'équateur lui-même. Mais si l'équateur jouit de cette propriété, il touchera aussi toutes les sphères respectivement inscrites à ces cônes, et ayant chacune pour centre, les centres des ovales lumineux observés. Enfin, en tant que le plan équatorial est tangent à ces sphères, il doit encore toucher des cônes circonscrits extérieurement à ces sphères combinées deux à deux. Or, les sommets de ces derniers cônes appartiennent à une même droite située dans le plan des centres qui se trouve être celui du cadran; cette droite sera donc la trace du plan équatorial, c'est-à-dire la ligne équinoxiale.

Soient (Fig. 4) a, d, c, trois centres d'ovales lumineux observés sur le plan du cadran, P le pied perpendiculaire du style; sur une ligne indéfinie $P'c'$, (Fig. 5) on portera les parties $P'a'$, $a'd'$ et $d'c'$ égales aux distances Pa, Pd et Pc (Fig. 4); puis, ayant par les points P', a', d', (Fig. 5), élevé à la droite $P'c'$ les perpendiculaires $P'S_1$, $a'S_2$ et $d'S_3$ égales à la hauteur du sommet du style, et joint les droites S_1a', S_2d' et S_3c', ces grandeurs représenteront les distances des trois centres au sommet du style. Après avoir mené les droites S_1A', S_2D' et S_3C' qui, formant avec les lignes S_1a', S_2d', S_3c' des angles égaux à la déclinaison du Soleil, sont les génératrices des premiers cônes dont on a parlé, on abaissera des points a', d', c', des perpendiculaires $a'A'$, $d'D'$ et $c'C'$ (*) lesquelles sont égales aux

(*) Nommant H la hauteur du sommet du style au-dessus du cadran,

rayons des sphères inscrites à ces cônes. Quant à ces sphères, elles coupent le plan du cadran, selon des grands cercles ayant pour centre les trois points *a*, *d*, *c*, (Fig. 4).

Les sommets des nouveaux cônes circonscrits à ces sphères combinées deux à deux, doivent être situés respectivement sur les lignes des centres *ad* et *dc*, et sur les droites qui joignent les extrémités des rayons parallèles menés dans le même sens, par chacun des centres.

Ainsi tirez par les points *a*, *d*, *c*, (Fig. 4), dans un même sens, des parallèles A*a*, D*d* et C*c* égales aux perpendiculaires $a'A'$, $d'D'$ et $c'C'$ de la figure 5. Les extrémités de ces parallèles donneront lieu à des droites AD, DC (Fig. 4), coupant les lignes des centres correspondantes *ad* et *dc*, en des points M et H de l'équinoxiale MH. Cette équinoxiale une fois construite, on tracera, par le pied perpendiculaire P du style, la soustylaire dont on cherchera l'intersection B avec l'équinoxiale, et on continuera le tracé du cadran, comme aux n°s 10, 11 et 12.

15. *Cas particuliers.* Abandonnant la méthode du numéro précédent, qui, parce qu'elle exige la connaissance de la déclinaison du Soleil, est moins commode aux armées ou dans des contrées isolées, revenons au procédé qui a été décrit au n° 8 pour tracer la soustylaire. Abstraction faite des erreurs dues aux effets de la réfraction, et de la variation que le Soleil éprouve dans sa déclinaison, ce procédé est général, quelle que soit la po-

---

l l' l'' les distances aP, dP, cP (fig. 4) des centres lumineux au pied perpendiculaire du style, et δ la déclinaison du soleil, on aura (fig. 5) $S_1a' = \sqrt{H^2+l^2}$, $S_2d' = \sqrt{H^2+l'^2}$, $S_3c' = \sqrt{H^2+l''^2}$, $a'A' = aA = S_1a' \sin\delta$, $d'D' = dD = S_2d' \sin\delta$, $c'C' = cC = S_3c' . \sin\delta$. A l'époque des solstices, la déclinaison δ du soleil est de $23° 28'$, d'où $\sin\delta = \sin 23° 28' = 0,40 = \frac{2}{5}$; en sorte que, lors de cette époque, on aura $aA = \frac{2}{5} S_1a'$, $dD = \frac{2}{5} S_2d'$ et $cC = \frac{2}{5} S_3c'$.

sition du cadran, pourvu toutefois que le plan équatorial puisse couper le plan du cadran ; car la détermination de l'équinoxiale n'est possible, qu'autant que cette dernière condition est satisfaite. Ainsi la méthode devient impraticable, lorsque le plan du cadran est parallèle à l'équateur (et dans ce cas, le cadran est dit *cadran équinoxial*), ou même encore lorsque le cadran a une inclinaison qui diffère peu de celle de l'équateur. A la vérité, comme sous une pareille inclinaison la face du cadran est tournée vers le nord, une telle circonstance se présente rarement en pratique, dans nos contrées. Quant au principe du cadran équinoxial, il sert de base à l'*Anneau astronomique* destiné à marquer l'heure immédiatement partout où l'on se trouve ; c'est pourquoi nous ajournerons l'examen de ce principe, jusqu'à la description de cet utile instrument.

Parmi les autres positions que peut prendre un cadran, il en est quelques-unes qui simplifient le procédé général ; telles sont celles du cadran horizontal, du cadran incliné à l'horizon et non déclinant, du cadran vertical non déclinant, ou déclinant, soit vers l'est, soit vers l'ouest, et du cadran parallèle à l'axe céleste.

16. *Cadran horizontal, cadran incliné sans déclinaison.* Lorsque le plan du cadran est horizontal, on a vu (5) que le pied horizontal du style passait à l'infini, et que les pieds perpendiculaire et vertical se confondaient en un seul point P (Fig. 6.) Ce pied étant déterminé, après la pose de la plaque dont l'ouverture centrale laisse passer un rayon solaire (3, 4, 5), on marquera deux points lumineux observés a et a' qui se correspondent sur un même arc de cercle tracé du pied P comme centre, ainsi qu'un autre point intermédiaire d également observé. Puis sur la droite Pd, au moyen d'une construction semblable à celle du n° 8, on cons-

truira la projection *e* d'un point éloigné du sommet du style, à la même distance que les points *a* et *a'*. Cette construction donne aussi l'abaissement de ce troisième point équidistant, au-dessous du cadran horizontal, en sorte qu'on pourra porter cet abaissement de *f* en *g*, le point *f* étant celui où la parallèle *eg* à la corde *aa'* coupe la ligne P*m* qui va du point P au milieu *m* de cette corde. Si d'ailleurs on joint *gm*, et si on rabat le sommet S du style autour de P*m*, en prenant PS égal à la hauteur du style, il suffira de mener parallèlement à *gm*, par le point S ainsi rabattu, la droite SB, laquelle coupera en B la bissectrice P*m*. Cette bissectrice est encore la soustylaire (8) ou la projection de l'axe du style sur le cadran ; et la perpendiculaire HM menée par le point B à la soustylaire, représentera aussi l'équinoxiale. Enfin si on porte la distance BS de B en A sur la soustylaire, on décrira du point A comme centre, avec un rayon arbitraire, un cercle dont les divisions égales de 15° (Voyez la fin du n° 10.), doivent servir encore au tracé des lignes horaires sur le cadran, ainsi qu'on va le démontrer.

La soustylaire P*m* étant la projection orthogonale de l'axe céleste sur le cadran qui ici est horizontal, il en résulte qu'elle est la trace d'un plan vertical passant par cet axe, c'est-à-dire la trace du plan méridien, ou la méridienne. Voilà pourquoi l'intersection de cette soustylaire avec la circonférence du cercle qu'on vient de tracer autour du point A, y représente la division de 12^h. Quant à celles de 6^h, elles appartiennent au diamètre perpendiculaire à la soustylaire, la division de 6^h du matin du côté de l'ouest, et celle de 6^h du soir du côté de l'est. Rien n'est plus aisé, d'après la fin de l'article 10, que d'obtenir vers l'ouest les divisions de 11^h, 10^h et 9^h du matin sur ce même cercle, ainsi que les divisons de

1^h, 2^h et 3^h du soir du côté de l'est. Ces six divisions étant jointes au centre A par des rayons, on prolongera ces rayons jusqu'à leurs rencontres XI, X, IX et I, II, III avec l'équinoxiale HM, et l'on tirera, de ces points de rencontre, des droites au centre C du cadran qu'on obtient au moyen d'une perpendiculaire à BS, menée par le point S, jusqu'à ce qu'elle coupe la soustylaire. Il est entendu que si le point C sort des limites du cadran, on aura recours au procédé du n° 11, et que des six lignes horaires tracées comme on vient de le faire, on déduira toutes les autres par la méthode du n° 12.

Il est inutile d'ajouter que la ligne SC n'est que le rabattement de l'axe céleste lui-même autour de la méridienne, que la ligne CP représente l'horizon dans ce rabattement, et qu'ainsi l'angle SCP est égal à la hauteur du pôle au-dessus de l'horizon, c'est-à-dire à la latitude du lieu ; de là un moyen fort simple d'obtenir cette latitude.

D'après ce qui a été dit au n° 7, ce tracé des cadrans solaires appliqué au plan horizontal, est affranchi de l'erreur de la réfraction, parce que celle-ci affecte également les hauteurs égales du Soleil qui y correspondent à des longueurs égales d'ombre ; il n'y a donc que la variation dans la déclinaison du Soleil qui pourrait altérer la véritable direction de la méridienne. Mais comme cette variation est nulle vers les solstices, cette méthode devient tout-à-fait rigoureuse, pour ces époques.

Le même avantage se conserve à l'égard des cadrans inclinés, pourvu que leurs horizontales demeurent perpendiculaires au plan méridien du lieu (et dans ce cas on dit que ces plans sont non déclinans), parce qu'à des hauteurs égales du Soleil au-dessus de pareils plans, correspondent aussi des hauteurs égales de cet astre au-dessus de l'horizon. Il en est de même des cadrans ver-

4

ticaux non déclinans. Si ces derniers déclinent soit vers l'est, soit vers l'ouest, leur construction rentre dans la méthode générale, si ce n'est que, le pied vertical du sommet du style passant à l'infini, la trace de la méridienne y devient toujours verticale, et qu'un seul point de cette méridienne suffit pour la déterminer entièrement.

17. *Cadran parallèle à l'axe céleste.* Si le plan du cadran se trouve incliné de manière à être parallèle à l'axe céleste, non-seulement les divisions horaires deviennent parallèles à la soustylaire; mais encore, le plan équatorial qui passe par le sommet du style devenant perpendiculaire à celui du cadran, la trace de cet équateur, ou la ligne équinoxiale, doit contenir le pied perpendiculaire P du style. La perpendicularité du plan de l'équateur et de celui du cadran amène à cette autre conséquence, que tous les points situés dans un même parallèle à l'équateur, ou à égales distances du sommet du style (7), se projettent sur le cadran, dans une seule et même ligne parallèle à l'équinoxiale. Voilà pourquoi, dans le cas que nous considérons, l'observation de deux rayons solaires suffira pour obtenir la direction de cette parallèle. En effet, soit a (Fig. 7), une première observation d'un centre de l'ovale lumineux que projette le Soleil sur le cadran, et d une seconde observation analogue: joignez aP et dP, P étant le pied perpendiculaire du sommet du style, V son pied vertical, et O son pied horizontal. Perpendiculairement à aP, prenez Ps'' égal à la hauteur du sommet du style; l'hypoténuse $s''a$ sera la distance du point a à ce sommet. Prenant encore sur Pa, la grandeur Pd'' égale à la distance Pd, joignez la ligne $s''d''$ que vous prolongerez jusqu'en un point g'' tel que $g''s''=as''$. Abaissez de g'' la perpendiculaire $g''f''$ à aP, et portez Pf'' sur Pd de P en e; ce point e sera la projection sur le cadran, d'un nouveau

point distant du sommet du style, comme le point *a*. Ainsi la droite *ae* sera une parallèle à l'équinoxiale; celle-ci, HM, passant par le point P se déduit aisément, ainsi que la soustylaire PA à laquelle les divisions horaires devront être parallèles. L'équinoxiale HM coupe l'horizontale HL menée par le pied horizontal O du sommet du style, en un point H qui est la division de six heures. La détermination de la méridienne est d'ailleurs facile, puisque passant par le pied vertical V, elle doit être nécessairement parallèle à la soustylaire PA. Quant à la position A du sommet du style, dans le plan de l'équateur rabattu autour de l'équinoxiale HM comme charnière, elle est telle que la distance AP est égale à la hauteur du sommet du style au-dessus du cadran. Enfin, la position D du même sommet, dans l'horizon de ce point qu'on rabat sur le cadran, autour de l'horizontale HL, est donnée par la condition que la perpendiculaire OD soit égale à OQ, hypoténuse d'un triangle rectangle dont OP et la hauteur PQ du sommet du style sont les côtés. La construction s'achève, comme au n° 10, si ce n'est que les lignes horaires, au lieu de converger vers un point, sont les unes et les autres perpendiculaires à la ligne équinoxiale HM.

En même temps que le plan du cadran est parallèle à l'axe céleste, il arrive quelquefois que ce plan est vertical; ces deux conditions simultanées font alors que le plan du cadran devient parallèle au méridien du lieu. En vertu de cette nouvelle condition, le pied horizontal O du sommet du style (Fig. 7) tombe sur le pied perpendiculaire P; il en est de même du point H intersection de la ligne équinoxiale avec l'horizontale du sommet. Donc lorsqu'un cadran est vertical et qu'il est parallèle au méridien, le pied perpendiculaire P du style représente la division de six heures sur l'équinoxiale. La direction HM (Fig. 8) de cette équinoxiale étant construite, comme précédemment, au moyen de l'observation de deux rayons solaires, la perpendiculaire PC menée par le point P sera la projection de l'axe céleste, ou l'axe céleste lui-même, puisque le cadran est parallèle au méridien; en outre l'angle CPL que cette droite fait avec l'horizontale passant par P, n'est autre que la latitude du lieu. On voit donc que la connaissance de cette latitude pourrait remplacer l'observation de deux rayons solaires. Portant de P en A sur la soustylaire, la distance PA égale à la hauteur du style au-dessus du plan, on décrira du point A un cercle, et on divisera la circonférence en arcs de 15°, à partir de la division de 6^h qui correspond à l'intersection de la soustylaire avec la circonférence.

On peut ici faire indiquer les heures, par un style parallèle au cadran, et posé, en dehors, dans la direction de l'axe de la terre, ou selon la direction PC. Son ombre viendra en effet tour à tour correspondre sur les divisions au-dessus de celle de 6^h, avant six heures du matin, et sur les divisions au-dessous, après cette même époque; voilà du moins ce qui se passera, sur un cadran orienté vers l'est. Mais il faut remarquer que le pied vertical V passant à l'infini, ainsi que le centre C du cadran, la méridienne qui joint ces deux points, doit aussi passer à l'infini. Aussi le Soleil ne peut-il éclairer un tel cadran, ni à midi, ni après-midi, quand il est oriental. A l'inverse, un cadran vertical tourné vers l'occident, donne seulement les heures du soir, et ne donne nullement celles du matin. Néanmoins les divisions se correspondent sur ces deux espèces de cadran, de telle sorte que les divisions de 11^h 10^h 9^h 8^h... 6^h du matin sur le cadran oriental, sont exactement celles de 1^h 2^h 3^h 4^h... 6^h du soir sur le cadran occidental. Afin de rendre le cadran susceptible d'indiquer les heures de la journée entière, il convient de tracer ces divisions sur une surface en verre, un carreau de vitre par exemple, comprise entre deux styles parallèles.

18. *Avantage des tracés approximatifs.* Tel est à peu près l'ensemble des méthodes qui nous ont paru les plus simples, pour tracer un cadran solaire. A l'exception du procédé du n° 14 que nous avons rapporté pour mémoire, les autres n'exigent aucune notion astronomique, aucune donnée sur le mouvement du soleil, et ne font que suivre en quelque sorte, les traces de cet astre, dans sa course.

Le plan du cadran peut être posé au hasard, et sans aucune des précautions auxquelles on aurait recours s'il fallait orienter ce plan, ou le rendre soit de niveau, soit parfaitement vertical. Mais on établit toujours préalablement la plaque indicatrice de l'heure, en s'astreignant à peu près aux faciles conditions mentionnées au paragraphe 4; après quoi on n'a plus qu'à appliquer sur place la méthode, telle que nous l'avons détaillée en son lieu.

DEUXIÈME PARTIE.

MOYENS DE PRÉCISION DANS LES OPÉRATIONS DE GNOMONIQUE.

19. *Elémens nécessaires au tracé exact d'un cadran.* Si les méthodes approximatives que nous venons d'exposer, conviennent aux circonstances où manquent les renseignemens astronomiques et les bons instrumens, ce n'est pas une raison pour rejeter les moyens de précision que le temps et les loisirs permettent de mettre à profit dans les opérations de la Gnomonique; et l'on encourrait le reproche d'ignorance, si l'on négligeait ces moyens, dans la construction des cadrans solaires destinés à figurer sur la façade des monumens publics ou particuliers. Pour le tracé exact d'un cadran, il faut connaître 1° l'inclinaison de son plan par rapport à l'horizon, 2° la direction

de la méridienne horizontale, 3° la latitude de la station, 4° enfin la déclinaison du cadran, c'est-à-dire l'angle que font ses horizontales avec le *premier vertical* du lieu, ou avec le plan vertical qui passe par les points cardinaux est et ouest.

20. *Inclinaison du cadran.* La direction de la ligne de plus grande pente menée par un point quelconque d'un cadran incliné, est donnée au moyen d'un fil à plomb appliqué en ce point à la surface du plan. Veut-on en déterminer l'inclinaison, ou l'angle que ce plan forme avec l'horizon ? Il faut se servir d'un rectangle en métal ABCD (Fig. 9), dont un côté BC est mis en coïncidence le long de la ligne de plus grande pente du plan EF, et dont le sommet A porte un fil à plomb AG qui indique sur un quart de cercle divisé, de 5′ en 5′, depuis 0° jusqu'à 90°, un angle BAG égal à l'inclinaison EFH. Lorsque l'angle EFH est obtus (Fig. 10), c'est le côté AB qu'on applique sur EF ; mais alors l'angle se compte à partir de AD, et l'angle DAG qui en résulte, donne le supplément EFH′ de l'inclinaison cherchée.

Lorsque, au moyen de trois obliques égales prises du sommet du style jusqu'à la surface du plan, on est parvenu (5) à construire le pied perpendiculaire P du style, on trace par ce point une ligne de plus grande pente, sur laquelle le pied vertical V et le pied horizontal O doivent être situés (Voir la note du n° 10.), le premier à une distance PO, du pied perpendiculaire, égale à H cot I, et l'autre à une distance PV égale à H tang I, H représentant la perpendiculaire abaissée du sommet du style sur le cadran, et l'angle I, l'inclinaison de ce plan à l'horizon.

21. *Méridienne horizontale.* Nous supposerons qu'on ait dressé autant que possible, la surface horizontale sur laquelle on veut tracer une méridienne, et que, conformément à la règle n° 4, on ait établi au-dessus du plan,

une plaque dont l'ouverture doit y marquer la position du centre du Soleil. Soit enfin P (Fig. 11) le pied vertical du style, qu'on détermine sur la surface du plan horizontal, au moyen d'un fil à plomb dont l'extrémité supérieure est placée au centre de l'ouverture de la plaque, ou bien encore au moyen du *centre* d'un cercle qui serait décrit sur ce même plan, avec un fil tendu attaché, par l'autre extrémité, au centre fixe de la plaque ou au sommet du style. Afin d'être sûr, dans ces deux procédés, que le fil à plomb, ou le fil descripteur, passe constamment par le centre du trou de la plaque, on aura le soin de l'y maintenir, avec de la cire ou du liége qui bouche en partie cette ouverture.

Puisque le plan est horizontal, la méridienne s'y confond avec la soustylaire (8), c'est-à-dire avec la projection, sur ce plan, de la parallèle à l'axe de la Terre, menée par le sommet du style. De là on conclut que cette méridienne sera, pour cette circonstance, perpendiculaire à la trace de tout plan parallèle à l'équateur. Or, deux centres a et a' des ovales lumineux projetés par le Soleil sur le cadran, à des distances égales du pied perpendiculaire P du style, sont à égales distances du sommet de celui-ci, et la droite $a\,a'$ qui les réunit, est la trace d'un parallèle de l'équateur. Ainsi le milieu m de cette corde, est un point de la méridienne, qui d'ailleurs doit passer par le pied P. Le tracé d'une méridienne horizontale revient donc à celui qu'on a donné (8) de la soustylaire sur un plan quelconque; à la vérité ici, les directions qui joignent le sommet du style aux points a et a', forment aussi des angles égaux avec l'horizon, de telle manière que les hauteurs du Soleil au-dessus de l'horizon, ou ses distances au zénith, sont égales, pour les positions de cet astre qui correspondent aux projections a et a'.

Nous avons démontré (16) pourquoi la direction de la

méridienne sur un plan horizontal, ou même sur un plan quelconque qui ne décline ni vers l'est, ni vers l'ouest, est affranchie de l'influence de la réfraction; mais il n'en est pas de même de l'erreur que produit la variation continue éprouvée par le Soleil dans sa déclinaison. Pour s'en rendre compte, il faut considérer le triangle sphérique PZS (Fig. 12), formé sur la sphère céleste, par le pôle nord P, le zénith Z de la station, et le Soleil S dans une position quelconque. Le grand cercle PEP'Q étant le méridien du lieu, et la droite PP' l'axe céleste, l'équateur dont le plan est perpendiculaire au méridien et à PP', sera représenté sur la figure, par le diamètre EQ perpendiculaire à PP'. Le plan SPP' sera le plan horaire du Soleil, formant en P avec le méridien PEP' un angle ZPS $=\theta$ qui n'est autre que l'heure du Soleil, ou l'heure vraie. L'arc SZ est la distance du Soleil au zénith, nous l'appellerons ζ; l'arc PZ est le complément de la distance du zénith à l'équateur, c'est-à-dire de la latitude λ, en sorte qu'on aura PZ$=90°-\lambda$. Enfin la distance PS du Soleil au pôle est le complément de la déclinaison δ de cet astre, ou $90°-\delta$. Le triangle sphérique, donne cette relation, entre l'angle θ et ses trois côtés,

$$\cos\zeta=\sin\lambda\sin\delta+\cos\lambda\cos\delta\cos\theta.$$

Dans cette formule λ est constant, c'est la latitude; il en serait de même de la déclinaison, si le Soleil décrivait un parallèle SN à l'équateur. Quant à la valeur de ζ, elle est la même pour deux valeurs de θ égales et de signes contraires; ce qui nous apprend que, la déclinaison du Soleil étant supposée constante, les angles horaires de cet astre sont égaux de part et d'autre du méridien, lorsqu'il occupe deux hauteurs égales au-dessus de l'horizon.

Si au contraire la déclinaison est variable, à des hauteurs égales correspondent alors des angles horaires inégaux de part et d'autre du méridien ; cette inégalité est telle que l'angle horaire du Soleil après midi, surpasse celui du matin, ou lui est inférieur, selon que la variation de la déclinaison tend à élever ou à abaisser cet astre par rapport à l'horizon. Dans le premier cas, il y a retard pour l'heure du soir où le Soleil reprend sa hauteur correspondante du matin, et dans le second cas il y a avance ; mais aussi la bissectrice de l'angle donné par ces deux positions, dévie tantôt à l'ouest et tantôt à l'est de la véritable méridienne. Telle est la déviation qu'il s'agit de corriger.

A cet effet, cherchons la variation apportée à l'angle horaire θ pour une variation $\Delta\delta$ apportée à la déclinaison ; autrement dit, différentions l'expression précédente, en regardant ζ comme constant (puisque la hauteur du Soleil est la même au-dessus de l'horizon dans les deux observations correspondantes), ainsi que la latitude. Nous trouverons

$$\Delta\theta = \Delta\delta\left(\frac{\tang\lambda}{\sin\theta} - \tang\delta\cot\theta\right).$$

Plusieurs remarques sont à faire sur l'emploi de cette formule :

1° L'angle θ exprime autant de fois 15° qu'il y a d'heures comprises entre le midi vrai, et l'heure du matin où l'ombre du Soleil a été observée, et cet intervalle peut toujours être apprécié d'une manière approximative qui est suffisante, à cause de la faible valeur de la correction $\Delta\theta$.

2° La variation $\Delta\delta$ est égale à la variation de la déclinaison par heure, multipliée par le double de l'intervalle en heures qui sépare l'instant de l'observation du matin, de celui du midi vrai ; elle sera positive depuis le solstice d'hiver jusqu'au solstice d'été et négative de-

5

puis le solstice d'été jusqu'à celui d'hiver. La déclinaison δ sera regardée comme positive depuis l'équinoxe du printemps jusqu'à celui de l'automne, et comme négative depuis celui-ci jusqu'au premier.

3° Le calcul de la formule relative à $\Delta\theta$, donne la valeur de cette correction en secondes de degré sexagésimal qu'on réduira en secondes d'heure, en divisant le résultat par 15. Si la correction est positive, cela indique que l'heure correspondante du soir, est en retard sur celle du matin ; si elle est négative, elle exprimera une avance. Voici une table toute calculée de ce genre de correction.

TABLE des retards ou avances de l'heure du soir sur celle du matin, lorsque le soleil est à des hauteurs égales au-dessus de l'horizon de Metz. Latitude, $49^{\circ}\ 7'$.

DÉSIGNATION des ÉPOQUES.	DÉCLINAISONS moyennes du soleil.	VARIATION de la déclinaison par heure.	RETARDS OU AVANCES EN SECONDE D'HEURE, sur les heures du matin ci-après : 6h.	7h.	8h.	9h.	10h.	OBSERVATIONS.
Equinoxe du printemps, 20 mars...	0° 0'	+1' 0"	+55" 3/4	+48"	+42" 1/2	+39"	+37"	Les déclinaisons négatives, sont les déclinaisons australes.
Milieu du printemps, 5 mai.......	+16° 23'	+0' 42" 1/2	+39" 1/2	+31" 3/4	+26" 1/4	+22" 3/4	+20" 1/2	Le signe + dans les retards ou avances, indique que l'heure correspondante du soir est plus éloignée du méridien que celle du matin.
Solstice d'été, 21 au 22 juin.......	+23° 28'	+0' 0"	+ 0"	+ 0"	+ 0"	+ 0"	+ 0"	Les époques étant espacées de 45 jours, pour une époque intermédiaire on interpolera les corrections, en supposant les variations d'une époque à l'autre proportionnelles au nombre de jours écoulés.
Milieu de l'été, 7 août............	+16° 23'	—0' 42" 1/2	—39" 1/2	—31" 3/4	—26" 1/4	—22" 3/4	—20" 1/2	
Equin. de l'automne, 22 au 23 sept.	+ 0° 0'	—1' 0"	—55" 3/4	—48"	—42" 1/2	—39"	—37"	
Milieu de l'automne, 7 novembre..	—16° 23'	—0' 42" 1/2	»	—36" 1/4	—34"	—32" 3/4	—31" 3/4	
Solstice d'hiver, 21 au 22 décembre.	—23° 28'	—0' 0"	»	0"	0"	0"	0"	
Milieu de l'hiver, 7 au 8 février....	—16° 23'	+0' 42" 1/2	»	+36" 1/4	+34"	+32" 3/4	+31" 3/4	

L'examen de cette table fait voir que l'heure du soir où la hauteur du Soleil est égale à celle de 7^h du matin pendant l'équinoxe du printemps, est en retard de $48''$; ce qui correspond à un excès d'angle horaire égal à $48'' \times 15$ ou $12'$ (de degré sexagésimal), cet angle étant mesuré sur l'équateur. La distance des divers points de l'équateur au zénith étant constante et égale à la latitude du lieu $49°7'$, on trouve aisément, en représentant par α un petit angle mesuré sur l'équateur et par a le même angle estimé sur l'horizon

$$\sin \tfrac{1}{2} a = \frac{\sin \frac{1}{2} \alpha}{\sin 49°7'} \quad \text{ou} \quad \tfrac{1}{2} a = \frac{\sin \frac{1}{2} \alpha}{\sin 49°7'} \times \frac{1''}{\sin 1''},$$

formule qui conduit à

$$a = 15' \, 52'', 32,$$

c'est-à-dire à plus de $\frac{1}{4}$ de degré, pour la déviation dont il s'agit.

Il nous reste à indiquer l'usage de cette table, pour la rectification de la méridienne horizontale.

A cet effet, on se servira d'un pendule battant les secondes, et consistant en une balle de plomb supendue à une ficelle de 99 centimètres de longueur. Si la table précédente indique un retard de la hauteur correspondante du soir sur celle du matin, et que a et a' (Fig. 13) soient les points où le rayon solaire tombe, le matin et le soir, sur un même arc de cercle décrit du pied perpendiculaire P du style comme centre, comptez, à partir de l'instant de la position du soir a', avec le pendule, autant de secondes que la correction en comporte dans la table, et marquez le point e d'ombre à l'instant où ce nombre de secondes est écoulé; la droite Pe coupant en d l'arc aa', portez, sur cet arc, l'arc $a'd$ de d en f; le milieu m de la corde af joint au pied P, vous donnera la direction de la vraie méridienne. Si la table indique une avance, vous marquerez (Fig. 14), le point e où le rayon solaire tombe sur le cadran, après un nombre de secondes marqué par la table, et écoulé depuis l'instant de la hauteur correspondante *d*. Le point *d* où la ligne P*e* coupe l'arc *aa'* étant réuni au point *a* par la corde *ad*, on prendra le milieu *m* de cette corde, pour le joindre au pied P, et la droite P*m* sera la méridienne cherchée. Il est inutile de faire remarquer que ce genre de correction s'annule à l'époque des solstices.

22. *Latitude de la station.* La latitude de la station est encore un des élémens nécessaires à la construction d'un cadran. Toutefois on y est naturellement conduit, par le mode dont on vient de se servir (21) pour le tracé d'une méridienne horizontale. En effet, outre les observations relatives aux hauteurs correspondantes, il est toujours possible, aux environs de midi, de noter sur le plan horizontal, des points tels que *r* et *r'* (Fig. 11), où le rayon solaire s'y projette, de mesurer ensuite leurs distances au pied P du sommet du style, de prendre la moyenne des distances *r*P *r'*P', et de la regarder comme la longueur de l'ombre qui doit avoir lieu à midi précis, ou quand le Soleil parvient au méridien. Désignant par L cette longueur et par H la hauteur du sommet du style, le rapport $\frac{L}{H}$ sera évidemment la tangente trigonométrique de l'angle que fait alors le rayon solaire avec la verticale passant par le sommet du style, ou plutôt celle de la distance méridienne du Soleil au zénith.

Cet angle obtenu en degrés, minutes et secondes, il faudra l'augmenter de l'angle de réfraction. Or, on fera attention qu'à Metz la plus petite distance méridienne du Soleil au zénith est environ de 25°, et que la correction *additive* de la réfraction correspondante est de 0' 27". Pour toute autre distance méridienne au zénith plus grande, pendant le printemps et l'été, on augmentera la correction précédente d'autant de fois $1''\frac{3}{4}$ que cette distance comprendra de degrés en sus de 25°.

Voyons maintenant à déduire, de la vraie distance méridienne du Soleil au zénith, la hauteur du pôle au-dessus de notre plan horizontal, c'est-à-dire la latitude de la station. Si, dans la figure 12, HL représente l'intersection du méridien avec le plan horizontal, on remarquera que la hauteur PL du pôle, ou la distance EZ du zénith à l'équateur, n'est que la latitude de la station. Si, de plus, N est la position du Soleil, quand il passe au méridien, l'arc EN en sera la déclinaison, et cette déclinaison ajoutée à la distance méridienne NZ du Soleil au zénith donnera la latitude. Dans le cas où la déclinaison serait australe, la latitude s'obtiendrait, en retranchant cette déclinaison, de la distance de l'astre au zénith. D'où résulte cette règle : *La latitude d'un lieu a pour mesure la distance méridienne du Soleil au zénith augmentée ou diminuée de la déclinaison de cet astre, selon que cette dernière est boréale ou australe.*

23. *Déclinaison d'un cadran.* On appelle déclinaison d'un cadran, l'angle que fait son horizontale avec le plan vertical perpendiculaire au méridien, c'est-à-dire avec le premier vertical. La détermination de la déclinaison d'un cadran, est encore donnée par le tracé d'une méridienne horizontale construite à proximité. Supposons Fig. 15, que MN représente cette méridienne, que AB ou A'B' soit l'horizontale du plan du cadran, et que OE perpendiculaire à MN, représente le premier vertical. La déclinaison du cadran sera est ou ouest, selon que l'angle ANM de l'horizontale dirigée vers l'est avec la méridienne sera plus grand ou plus petit qu'un droit, ou selon que la méridienne MN se trouvera située à l'est ou à l'ouest d'une perpendiculaire MB ou MB' abaissée de l'un de ses points sur l'horizontale AB ou A'B' du plan du cadran. On évalue cette déclinaison de deux manières.

1° Si on a une boussole à sa disposition, on se met en station à l'intersection N de la méridienne avec le plan du cadran, pour observer les angles de cette méridienne et de la ligne horizontale NA du plan vers l'est, avec le méridien magnétique, et par suite leur différence ou l'angle MNA. Lorsque cet angle est plus grand qu'un droit, on en retranche 90°, le reste donne la déclinaison qui est alors orientale. Mais quand l'angle obtenu est moindre que 90°, c'est cet angle qu'on retranche de 90°, et la déclinaison est occidentale.

2° Quand on ne peut faire emploi d'une boussole, on a recours au procédé que voici : AB est toujours l'horizontale du cadran, N son point de rencontre avec la méridienne horizontale, NQ une perpendiculaire horizontale à AB, enfin A et B deux points quelconques de cette horizontale. L'opération ayant pour objet de trouver l'angle QNM égal à la déclinaison, mesurez avec soin les distances MN, AM, AN, NB et BM, puis traitez, par la trigonométrie, les triangles ANM et MNB dont les côtés sont connus, afin d'en conclure les angles ANM et MNB. L'exactitude s'en vérifiera, quand on s'assurera que leur somme est de 180°; si de plus vous prenez la moitié de la différence de ces angles, cette moitié exprimera la déclinaison du cadran.

24. *Construction des autres élémens d'un cadran.* Ayant établi comme au n° 8, les points P, V, O, (Fig. 3) qui représentent les pieds perpendiculaire, vertical et horizontal du style, ainsi que le rabattement D du sommet autour de la ligne d'horizon HL, on tirera à l'est ou à l'ouest de la verticale DV, une droite DL formant avec elle un angle égal à la déclinaison, selon que celle-ci est orientale ou occidentale (23). Cette droite DL représentera la méridienne horizontale rabattue, et sa perpendiculaire DH, la ligne horizontale de six heures. Pro-

longeons ces droites jusqu'à leur rencontre L et H avec la ligne d'horizon ; nommant D la déclinaison, *l* la distance horizontale DO du sommet du style au plan du cadran, nous aurons OL $= l$ tang. D et OH $= l$ cot D. Le point H est d'ailleurs un point de l'équinoxiale. En veut-on un second point? faites tourner le plan méridien autour de sa trace LV qu'on a obtenue en joignant le point L au pied vertical V du sommet du style, pour rabattre ce plan méridien sur le plan du cadran. Dans ce mouvement, le sommet du style restera à la même distance de la trace L et viendra tomber sur la perpendiculaire PG abaissée du pied P sur la charnière LV, en un point G tel qu'on aura LG $=$ DL. Dans ce même rabattement, la droite LG représentera l'horizon du style qui doit former avec l'axe céleste, un angle égal à la latitude du lieu. Tirons donc la droite GC formant avec GL un angle LGC égal à cette latitude; puisque cette droite GC représente dans le méridien l'axe céleste, la perpendiculaire GM à cet axe y sera la trace du plan équatorial passant par le sommet, et son intersection M avec la méridienne LV du cadran sera un nouveau point de l'équinoxiale, qui se trouvera déterminée en joignant les points H et M. Abaissant du point P à HM la perpendiculaire PA, on aura la soustylaire, et l'on continuera ensuite la construction telle qu'elle a été détaillée au n° 10.

Si le cadran est horizontal (Fig. 6), on déterminera la méridienne CP, comme il est dit au n° 21, et la latitude du lieu (22). Ayant porté, à partir du pied du style P, sa hauteur PS perpendiculairement à la méridienne, on menera par le point S une droite SC formant, avec la méridienne, un angle SCP égal à la latitude. La perpendiculaire SB à l'axe SC coupera la méridienne en un point B qui appartient à l'équinoxiale. Puis la construction s'achevera comme au n° 16. Il en sera de même à l'égard de tous les cadrans non déclinans, si ce n'est qu'on prendra l'angle SCP égal à la latitude augmentée ou diminuée de l'inclinaison du plan (20), selon que le cadran s'élève ou s'abaisse vers le sud. — Le cadran est-il vertical non déclinant? l'angle SCP de l'axe de la terre avec la méridienne devient le complément de la latitude — Enfin si le cadran est à la fois vertical et parallèle au méridien ou à l'axe céleste, on mènera par le pied P (Fig. 8) du style, une horizontale, puis une droite CP faisant avec cet horizon un angle égal à la latitude, et qui représentera l'axe céleste ou la soustylaire. Donc la perpendiculaire HPM à cette soustylaire sera la ligne équinoxiale, et permettra de faire le reste de la construction, comme l'indique le n° 17.

25. *Courbes diurnes.* On a souvent besoin de construire, sur un cadran, la courbe diurne du Soleil, c'est-à-dire l'intersection du cône que son centre décrit autour du sommet du style, lorsqu'il parcourt le parallèle correspondant à sa déclinaison, pendant le jour qu'on considère. On pourra, dans ce but, rabattre l'axe du style, et chaque plan horaire, sur le plan du cadran, par une méthode analogue à celle qu'on a employée (24) à l'égard du plan méridien.

Déterminons, par exemple, le point d'une courbe diurne, dans le plan horaire de 9 heures. Soit C (Fig. 16) le centre du cadran, et C9 la trace du plan horaire en question sur celui du cadran. Si P est le pied perpendiculaire du style, HL la trace de l'horizon passant par le sommet, D le rabattement du sommet autour de cette trace HL, on sait qu'en joignant ce dernier point à l'intersection E de la trace horaire C9 avec l'horizontale HL, la droite DE représentera la même division horaire dans l'horizon du sommet.

Donc si du pied P on abaisse la perpendiculaire PI

jusqu'à un point I, tel que EI = DE, le point I sera encore le rabattement du sommet du style, et la droite CI celui de l'axe céleste. Menons la droite UI faisant, avec cet axe, un angle égal au complément de la déclinaison du Soleil; cette droite UI sera la génératrice du cône diurne, située dans le plan horaire de C9, et son intersection U avec la trace C9 de ce plan, un point de la courbe diurne à construire. On agira de la même manière sur tous les autres plans horaires. Il aisé, dans ce genre de constructions, de distinguer la déclinaison boréale, de la déclinaison australe, attendu que par un même point d'une droite, on peut mener deux autres droites formant avec elle un angle donné.

26. *Méridienne du temps moyen.* L'intervalle de deux passages successifs du Soleil au méridien supérieur, est ce qu'on appelle le jour *solaire*, ou le jour que les cadrans solaires mesurent. Mais les jours solaires étant inégaux, ils sont tantôt plus grands, tantôt plus petits que le jour *moyen* de nos horloges ordinaires; et le midi moyen arrive tantôt avant, tantôt après le *midi vrai* ou le midi que marque le cadran solaire. Le plus grand écart de ces deux midis, soit à gauche soit à droite de la méridienne, est d'environ un quart d'heure, c'est-à-dire que le midi moyen peut arriver au plus tôt dans le plan horaire de 11^h 3/4, et au plus tard dans celui de 12^h 1/4. Cet écart est d'ailleurs indiqué par la table suivante où l'on a mis 1° les époques de l'entrée du Soleil dans chaque signe du zodiaque; 2° la déclinaison du Soleil, quand cet astre arrive dans ces signes; 3° l'équation du temps correspondante, ou l'intervalle qui sépare le midi vrai et le midi moyen. Dans cette table, l'équation du temps est additive lorsque le midi moyen arrive avant le midi vrai, et négative lorsque le midi moyen arrive après; la déclinaison boréale est affectée du signe +, et la déclinaison australe du signe —.

Tableau de l'Équation du temps pour les divers signes du zodiaque. Année 1836.

SIGNES DU ZODIAQUE.		DÉCLINAISON.	ÉQUAT. DU TEMPS.	SIGNES DU ZODIAQUE.		DÉCLINAISON.	ÉQUAT. DU TEMPS.
Le Belier,	20 mars........	— 0° 2′	+ 7′ 34″	La Balance,	23 septembre.	— 0° 11′	— 7′ 45″
Le Taureau,	20 avril........	+ 11° 37′	— 1′ 12″	Le Scorpion,	23 octobre....	— 11° 32′	— 15′ 35″
Les Gémeaux,	21 mai.........	+ 20° 15′	— 3′ 43″	Le Sagittaire,	22 novembre..	— 20° 14′	— 13′ 35″
Le Cancer,	21 juin.........	+ 23° 28′	+ 1′ 25″	Le Capricorne,	21 décembre..	— 23° 28′	— 1′ 28″
Le Lion,	22 juillet.......	+ 20° 15′	+ 6′ 5″	Le Verseau,	21 janvier.....	— 20° 3′	+ 11′ 29″
La Vierge,	23 août........	+ 11° 22′	+ 2′ 22″	Les Poissons,	19 février......	— 11° 31′	+ 14′ 12″

Voici comment on se sert de cette table pour tracer une méridienne du temps moyen, chose d'autant plus utile qu'elle permet chaque jour, à l'instant du midi moyen, de régler les montres ou les horloges.

CD (Fig. 17), étant la trace méridienne sur le plan du cadran, et C le centre du cadran, construisez par les procédés 10 ou 11, les lignes des divisions horaires BC et CE qui correspondent à $11^h\frac{3}{4}$ et à $12^h\frac{1}{4}$; ces lignes seront à peu près les limites de la courbe méridienne du temps moyen. Déterminez, pour la déclinaison de chaque ligne indiquée dans la table précédente, trois points de courbe diurne (n° 25) sur les plans horaires CB, CE et sur la méridienne CD; puis par les trois points *a*, *b*, *c* ainsi obtenus, faites passer un cercle qui, à cause de l'intervalle fort petit des divisions horaires CB et CE, peut être regardé comme se confondant avec cette portion de courbe diurne.

Pour trouver sur la courbe diurne *acb* le point *d* de la méridienne du temps moyen, on admettra que les angles horaires qui sont très-petits et comptés à partir de la méridienne CD, sont proportionnels à leurs sinus. Ainsi, en tirant, par un point D quelconque de la méridienne vraie, une perpendiculaire BDE, on partagera chacun de ses segmens BD et DE en 900 parties ou en autant de parties qu'il y a de secondes contenues dans le plus grand écart de 15′ du midi moyen par rapport au midi vrai. La table donnée ci-dessus contenant l'équation du temps qui correspond à une déclinaison, on prendra de D en *e* un nombre de parties égales à celui des secondes que renferme l'équation du temps relative à la courbe diurne *a b c*; joignant enfin la ligne *e* C, on obtiendra par son intersection avec la courbe *a b c*, un point *d* qui appartient à la méridienne du temps moyen. Si l'équation du temps est positive, la partie De doit être comptée en deçà de la ligne du midi vrai ou vers $11^h \frac{3}{4}$. Si l'équation du temps est négative, la partie de la perpendiculaire qui détermine le rayon vecteur de la méridienne du temps moyen, sera comptée au-delà de la ligne du midi vrai, ou vers $12^h \frac{1}{4}$.

De cette construction résulte une *lemniscate* qui coupe la méridienne vraie en quatre points, savoir un peu après l'équinoxe du printemps, un peu avant le solstice d'été, un peu avant l'équinoxe d'automne, et un peu après le solstice d'hiver.

Lorsque les angles limites BCD et DCE sont sensiblement inégaux, il faut déterminer, par les procédés 10 et 11, les angles horaires de 5′ en 5′, et diviser l'intervalle des divisions que ces nouveaux angles interceptent sur les perpendiculaires DB et DE, soit en 300 parties d'une seconde, ou seulement en cinq parties d'une minute.

27. *Limites des heures données par les cadrans.* Pour indiquer le moyen de connaître les limites des heures que les cadrans sont susceptibles de marquer, nous considérerons immédiatement le cas où leur plan est quelconque, parce qu'il sera facile de le ramener aux diverses circonstances qui se présentent le plus ordinairement.

Soit P (Fig. 18) le pôle, Z le zénith du sommet du style, A le point où la perpendiculaire au cadran, menée par le sommet du style, vient percer la voûte céleste. Ces trois points formeront un triangle sphérique, dans lequel deux côtés et l'angle qu'ils comprennent, sont connus. En effet ZP est le complément de la latitude ou $90° — \lambda$. L'arc ZA est la mesure de l'angle formé par la perpendiculaire au cadran avec la verticale, ou de l'inclinaison de ce cadran qu'on peut mesurer (19), et que nous désignerons par I. Enfin l'angle PZA compris entre ses côtés, est l'angle que forme le plan vertical perpendiculaire au cadran avec le plan méridien, et qui est égal à la déclinaison D du cadran qu'on a aussi pu mesurer (23).

L'angle ZPA est évidemment l'angle u que fait le plan horaire de la soustylaire avec le plan méridien, et l'arc PA est le complément de la hauteur h du pôle au-dessus du plan du cadran. On aura d'abord, pour obtenir la valeur de h, la relation suivante:

$$\text{Cos AP} = \cos \text{AZ} \cos \text{PZ} + \sin \text{AZ} \sin \text{PZ} \cos \text{Z}$$

ou

$$\text{Sin}\, h = \cos \text{I} \sin \lambda + \sin \text{I} \cos \lambda \cos \text{D}.$$

Pour rendre cette formule commode aux calculs logarithmiques, nous poserons $\cos \lambda \cos \text{D} = \sin \lambda \cot \varphi$, et nous aurons

$$\text{Sin}\, h = \frac{\sin \lambda \sin (\varphi + \text{I})}{\sin \varphi}$$

De cette manière, et en se servant de l'angle auxiliaire φ, on parvient à calculer la hauteur du pôle au-dessus du plan du cadran.

Le même triangle sphérique APZ donne encore

$$\sin u = \frac{\sin \text{I} \sin \text{D}}{\text{Cos}\, h},$$

c'est-à-dire le sinus de l'angle avec le méridien, du plan horaire de la soustylaire.

Il faut remarquer que, dans ces formules, l'angle D n'est compté que de 0° à 90° et positivement lorsque la déclinaison est orientale. Il en est de même de l'angle u qui est positif, quand le plan de la soustylaire est situé à l'est du méridien. Donc si la déclinaison devient négative ou occidentale, la valeur de sin u changera de signe, toutes choses égales d'ailleurs, et alors le plan de la soustylaire doit occuper l'ouest du méridien. Enfin on fera attention que sin u devient nul, ou que le plan de la soustylaire se confond avec le méridien lorsque $\text{D} = o$ ou que $\text{I} = o$, ou quand le plan du cadran est non déclinant, ou horizontal.

Cela posé, la figure 19 étant le grand cercle de la sphère céleste situé dans le plan horaire de la soustylaire, soient A le point où la perpendiculaire au plan du cadran coupe cette sphère, et BB' la trace de ce dernier plan ; il est aisé de voir que la partie de circonférence décrite par le Soleil au-dessus du plan BB', dans son parallèle diurne, est d'autant plus considérable, que ce parallèle s'élève plus au-dessus du plan, ou que la déclinaison ED ou δ a plus d'amplitude. Voilà pourquoi nous considérerons le parallèle DD' de cet astre au moment du solstice d'été, ainsi que la déclinaison δ' du Soleil à cette époque. Dans cette circonstance, le plan BB' ne commencera à être éclairé, que quand le Soleil occupera, vers l'orient, la position S, intersection de son parallèle DD' avec le grand cercle de BB'. Quand le Soleil est en S, sa distance à la perpendiculaire au plan, ou l'arc SA, est de 90°, PS=90° —δ', AP=90°—h, h étant la hauteur du pôle au-dessus du plan et que nous venons de calculer. Nommons enfin θ' l'angle du plan horaire PS avec celui de la soustylaire, ou l'angle APS. Le triangle APS, dont nous connaissons les trois côtés, donne

$$\text{Cos}\,\theta' = \frac{\cos \text{AS} - \cos \text{AP} \cos \text{PS}}{\sin \text{AP} \sin \text{PS}}$$

ou

$$\text{Cos}\,\theta' = -\frac{\sin h \sin \delta'}{\cos h \cos \delta'} = -\textit{tang}\ h\ \textit{tang}\ \delta',$$

à cause de cos AS = cos 90° = 0.

Cette dernière relation fait connaître l'angle θ'; on y ajoutera, ou on en retranchera l'angle horaire u de la soustylaire, selon que celle-ci est à l'est ou à l'ouest du méridien ; et la somme $\theta' \pm u$ divisée par 15, exprimera un certain nombre d'heures dont le complément à 12^h sera l'heure du matin la plus éloignée du midi, où le Soleil commence à paraître sur le plan du cadran. Enfin si on se rappelle qu'à cos θ' correspondent deux valeurs égales et de signes contraires, on reconnaît que l'heure du soir se conclut immédiatement du quotient de $\theta' \mp u$ par 15. Ce calcul donne, à la vérité, des limites un peu moins étendues qu'elles ne le sont en réalité, parce qu'on a fait abstraction de la réfraction qui permet d'apercevoir le Soleil, lors même qu'il se trouve encore abaissé de 32′ 20″ au-dessous de l'horizon.

Pour un plan horizontal situé à la latitude de 49° 7′, on fera $h = \lambda = 49° 7'$, $\delta' = 23° 28'$, $u = 0$, et on verra qu'au solstice d'été, pour un cadran de cette espèce, la première heure du matin est $3^h 59' 36''$, et la dernière heure du soir $8^h 0' 24''$.

28. *Lecture de l'heure sur un cadran solaire avec l'ombre de la lune.* M. Francœur, dans son Uranographie, indique un moyen qu'il est bon de connaître, pour trouver sur un cadran solaire l'heure, à l'aide de la lumière de la Lune. Soit MLSN (Fig. 20) un cercle diurne, M le point de sa circonférence correspondant au méridien supérieur, S et L les positions simultanées du Soleil et de la Lune, ou plutôt de leurs plans horaires sur ce cercle; on a

$$MS = ML + LS.$$

L'arc MS représente l'heure solaire et ML la distance de la Lune au méridien, distance qui est marquée par l'heure qu'indique la lumière de la Lune sur le cadran. Enfin LS est la distance qui sépare les deux astres. Cette dernière distance est donnée par l'heure vraie où la Lune passe au méridien; mais depuis l'instant de ce passage jusqu'à celui où l'on observe le cadran, elle a dû s'augmenter de 2′ par heure, ou d'autant de fois 2′ minutes qu'il y a d'heures comprises dans le temps marqué par ML, parce qu'en effet, l'observation apprend que la Lune retarde son mouvement sur celui du Soleil de 2′ moyennement par heure.

Nommant donc H l'heure marquée par la Lune sur le cadran, et par h l'heure vraie de son passage au méridien du lieu, on aura

$$MS = H(1 + 2') + h.$$

Pour trouver h, on consulte la *Connaissance des Temps* ou l'*Annuaire du Bureau des Longitudes* où se trouve, jour par jour, l'heure moyenne pour Paris, du passage de la Lune au méridien, et en nommant h' cette heure moyenne, Δ l'équation du temps, L la longitude du lieu en heures, on aura $h = h' - \Delta \pm L$, le signe supérieur ou inférieur étant pris selon que la longitude du lieu où l'on se trouve, est occidentale ou orientale. On aura donc en définitive

$$MS = H(1 + 2') + h' - \Delta \pm L.$$

29. *Cadran équinoxial.* On nomme cadran équinoxial, celui dont le plan est parallèle à l'équateur. La construction, sur place, de ce genre de cadran est fort rare, et si nous venons à en parler, c'est uniquement parce que le principe en est appliqué à des cadrans portatifs, tels que le *cadran à boussole* et *l'anneau astronomique*. Ce cadran consiste dans un cercle divisé en vingt-quatre parties ou heures, dont le centre est traversé par une tige perpendiculaire à son plan. Pour l'orienter, il faut que la tige soit située dans le méridien du lieu, et tenue parallèle à l'axe céleste, ou que l'inclinaison du plan du cadran soit le complément de la latitude. Dans ce même plan, la division méridienne en occupe la ligne de plus grande pente, et la division de six heures en est l'horizontale. La division de midi se trouve en outre au point le plus bas du cercle divisé, et toutes les autres sont numérotées de l'ouest vers l'est, c'est-à-dire en sens contraire du mouvement diurne du Soleil.

Selon que la déclinaison du Soleil est boréale ou australe, le Soleil éclaire la surface supérieure ou inférieure d'un cadran équinoxial. Toutefois les divisions tracées sur une face serviront pour l'autre, si la surface du plan est transparente, ou quand elles sont décrites sur du verre ou sur un papier huilé. Le style est, comme on l'a dit, une aiguille qui traverse perpendiculairement le cadran de part en part. Enfin il est à remarquer que, pendant les équinoxes, le Soleil demeure dans le plan de l'équateur, et que pour avoir l'heure pendant les jours correspondans, il convient d'envelopper le cadran d'un rebord cylindrique perpendiculaire à ce cadran, dont la surface intérieure divisée, comme le cercle équinoxial, recevra l'ombre de la tige destinée à indiquer l'heure.

L'orientation d'un tel cadran se vérifie d'elle-même, par la longueur de l'ombre, qui, pendant tout un jour, doit demeurer constante. Si, par exemple, l'ombre paraît plus longue le matin que le soir, le cadran regarde l'occident; si elle est plus grande à midi, la pente du plan est trop raide. En un mot, puisque le Soleil est censé décrire dans sa révolution diurne un cercle parallèle à l'équateur, il est visible aussi que l'ombre du sommet du style devra aussi décrire un cercle sur le plan du cadran; mais cette assertion n'est rigoureuse que vers les jours des solstices.

30. *Cadran à boussole.* Les cadrans qu'on adapte aux boussoles, sont du genre des cadrans équinoxiaux. Leur plan tourne autour d'une charnière horizontale et perpendiculaire au diamètre 0°—180° du limbe de la boussole, le long d'un quart de cercle vertical sur lequel sont gradués les degrés de latitude depuis 0° jusqu'à 90°, le zéro étant établi au sommet du rayon vertical de ce quart de cercle. On incline le cadran jusqu'au degré du quart de cercle qui marque la latitude du lieu; après

quoi, on dirige l'instrument, de manière que l'aiguille aimantée dévie à l'ouest du zéro du limbe, d'une quantité égale à la déclinaison magnétique. Dans cette position, l'ombre du style central perpendiculaire au cercle du cadran, se projette précisément sur une division indicatrice de l'heure pour le lieu où l'on se trouve.

31. *Anneau astronomique*. Cet instrument, plus portatif et moins sujet à se déranger, que le cadran à boussole, sert, comme ce dernier, à trouver l'heure dans quelque pays que ce soit.

Imaginez (Fig. 21) deux cercles concentriques ABC, LMP, dont l'intérieur LMP puisse tourner sur deux charnières *m* et *n* placées aux extrémités d'un diamètre du cercle extérieur, et dont le premier ABC porte une règle FE mobile sur deux pivots E et F et dirigée dans le diamètre perpendiculaire à celui des deux charnières *m* et *n*. Supposez qu'en outre on ait divisé, en 24 parties égales, non-seulement la surface concave de l'épaisseur du cercle intérieur LMP, mais encore une circonférence GKI, gravée sur le milieu de la largeur de ce cercle, ces divisions étant graduées de 12^h à 1^h sur chaque moitié du cercle, à partir du diamètre *mn*. Il est évident que si le cercle LMP ou GKI est rendu perpendiculaire au cercle extérieur ABC, et que si celui-ci, tenu vertical dans la direction du méridien du lieu, est disposé de telle manière que la règle EF ait l'inclinaison de l'axe de la terre, il est évident, dis-je, que GKI représentera le cercle équatorial. A cet effet, sur le cercle extérieur ABC et à partir de la charnière *m*, il y a des divisions indiquant les degrés de latitude nord vers la droite, et sud vers la gauche, et le long desquelles peut glisser un anneau de suspension N, susceptible en même temps de tourner, à frottement doux, sur un axe vertical. Lorsque la ligne de foi du vernier de cet anneau, a été amenée sur la division qui correspond à la latitude du lieu, on conçoit que la règle EF doit s'incliner vers l'horizon, comme l'axe terrestre, quand on tient à la main le système, au moyen de l'anneau.

La règle EF porte une fente longitudinale dans laquelle se meut un curseur, ou plaque percée d'un petit trou destiné à laisser passer un rayon solaire. Supposons d'abord ce curseur placé au centre de nos deux cercles ABC, LPM disposés perpendiculairement, et le Soleil situé dans le plan de l'équateur comme le dernier de ces cercles. Cet état de choses ne peut convenir qu'à un jour d'équinoxe; car à pareil jour, si, après avoir tourné la règle EF vers le Soleil, on fait mouvoir le système autour de l'axe vertical de l'anneau N fixé sur la division de la latitude du lieu, jusqu'à ce que l'image solaire tombe au milieu du trait d'une division marquée sur l'épaisseur du cercle LPM, on voit que l'heure serait donnée par cette division.

Mais si le Soleil, au lieu d'être sur l'équateur, acquiert une certaine déclinaison, et que le curseur occupe encore le centre commun des deux cercles, le rayon solaire prendra une direction qui se dirigera au-dehors du plan LPM, sous un angle égal à la déclinaison. Donc si on éloigne hors du centre, et le long de la règle EF, le curseur d'une quantité telle que la droite qui le joint avec un point de la circonférence GIK, fasse avec ce plan un angle égal à cette même déclinaison, on comprend pourquoi, quand la règle fera face au Soleil, le rayon solaire arrivera juste sur la circonférence GKI, et pourquoi le point de cette circonférence indiquera l'heure de l'observation. Ainsi, à partir du centre du système on devra tracer, sur la règle EF, des divisions distantes de ce centre, de quantités proportionnelles à la tangente trigonométrique de la déclinaison de chacun des signes du zodiaque, désigner, sur la règle, ces divisions par les signes correspondans du zodiaque, puis y placer le curseur, selon le jour où l'on veut observer, et enfin mettre la ligne de foi du vernier de l'anneau N, sur la division du cercle ABC qui marque la latitude. Alors, soutenant le système par l'anneau N sur lequel il peut tourner à frottement doux, on fera mouvoir, avec la main, ce système autour de son axe vertical de rotation, jusqu'à ce que le rayon solaire tombe exactement sur la circonférence gravée GIK; et la division correspondante donnera ainsi l'heure solaire du lieu de la station.

Pour bien apercevoir l'image solaire projetée par le curseur, on aura soin de tourner la règle EF autour de ses pivots E et F, de manière que l'une de ses faces soit parfaitement éclairée; et on se rappellera que, pendant les deux ou trois jours qui avoisinent les équinoxes, l'ovale ou cercle lumineux doit tomber sur l'épaisseur intérieure du cercle LPM, tandis que, pour les autres jours, ce doit être sur la circonférence GIK gravée au milieu de la surface du même cercle. On voit encore que le cercle ABC, qui tient lieu de méridien, empêche, par son ombre, qu'on ne puisse voir l'heure du midi. — Les dimensions de l'anneau astronomique sont à peu près arbitraires; on peut cependant réduire les diamètres de ces cercles à 6 ou 16 centimètres, ou même les augmenter si on le juge convenable. Afin de faciliter la construction de cet instrument, nous donnerons une table des distances des divisions de la règle EF, pour chaque signe du zodiaque, à partir du centre de l'instrument. Ces distances sont comptées en parties du rayon de la circonférence GIK, celui-ci en contenant 1000; elles seront placées au-dessus du centre ou positives, quand les déclinaisons seront boréales, et au-dessous ou négatives, lorsque ces déclinaisons seront australes.

Tableau des distances qui séparent, à partir du centre, les divisions de la règle d'un anneau astronomique.

SIGNES DU ZODIAQUE OU DATES.		DÉCLINAISONS.	MESURES DES DISTANCES.	OBSERVATIONS.
Le Belier,	20 mars.........	— 0° 2′	— 1	Le rayon de la circonférence gravée sur le cercle équatorial, contient 1000 parties. Les signes du zodiaque qui correspondent à l'hiver et au printemps, sont placés à gauche de la rainure de la règle, et les autres à droite.
Le Taureau,	20 avril.........	+ 11° 37′	+ 206	
Les Gémeaux,	21 mai..........	+ 20° 15′	+ 369	
Le Cancer,	21 juin..........	+ 23° 28′	+ 434	
Le Lion,	22 juillet........	+ 20° 15′	+ 369	
La Vierge,	23 août..........	+ 11° 22′	+ 201	
La Balance,	23 septembre....	— 0° 11′	— 3	
Le Scorpion,	23 octobre.......	— 11° 32′	— 204	
Le Sagittaire,	22 novembre.....	— 20° 14′	— 369	
Le Capricorne,	21 décembre.....	— 23° 28′	— 434	
Le Verseau,	21 janvier.......	— 20° 3′	— 365	
Les Poissons,	19 février........	— 11° 34′	— 204	

www.ingramcontent.com/pod-product-compliance
Ingram Content Group UK Ltd.
Pitfield, Milton Keynes, MK11 3LW, UK
UKHW021021180726
13838UKWH00004B/1593